〔　　月　　日〕

1　転写

<ruby>転<rt>てん</rt></ruby>　<ruby>写<rt>しゃ</rt></ruby>

目標時間は1分30秒

分　　秒

Q <ruby>左<rt>ひだり</rt></ruby>の<ruby>図<rt>ず</rt></ruby>と<ruby>右<rt>みぎ</rt></ruby>の<ruby>図<rt>ず</rt></ruby>が<ruby>同<rt>おな</rt></ruby>じになるように，マスの<ruby>中<rt>なか</rt></ruby>に○，△，×をかきこみなさ

JN000759

(1)

(2)

(3)

図形イメージを強化する「基盤トレーニング」です。位置や形を丁寧にかくことを意識しましょう。
速くかこうとするといい加減になります。丁寧にできるようになったら，速くできるように練習しましょう。

2 転写

目標時間は1分30秒

分　　秒

Q 左の図と右の図が同じになるように，
マスの中に○，△，×をかきこみなさい。

(1)

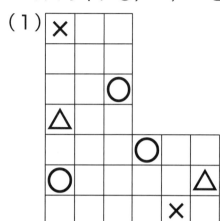 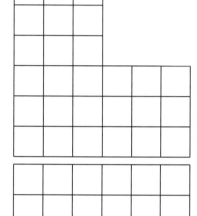

(2)

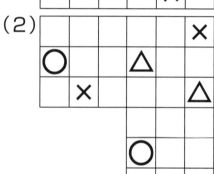 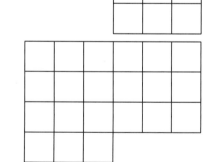

(3)

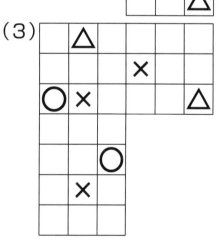

図形イメージを強化する「基盤トレーニング」です。位置や形を丁寧にかくことを意識しましょう。
速くかこうとするといい加減になります。丁寧にできるようになったら，速くできるように練習しましょう。

3 点描写

Q 左の図と右の図が同じになるように，点を結びなさい。

（1）

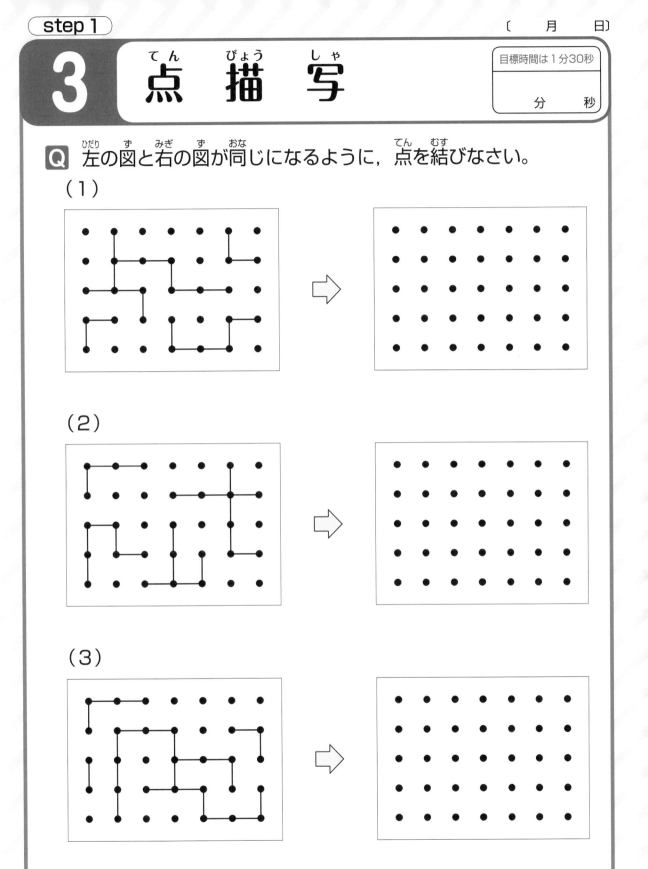

（2）

（3）

図形イメージを強化する「基盤トレーニング」です。位置や形を丁寧にかくことを意識しましょう。
線が曲がったり，はみ出したりしないように注意しながら，丁寧に，速くできるように練習しましょう。

〔　　月　　日〕

4

<ruby>鏡<rt>かがみ</rt></ruby>

目標時間は5分

分　　秒

Q <ruby>左<rt>ひだり</rt></ruby>の<ruby>図<rt>ず</rt></ruby>を<ruby>鏡<rt>かがみ</rt></ruby>に<ruby>写<rt>うつ</rt></ruby>すと，どんな<ruby>形<rt>かたち</rt></ruby>になりますか。
なお，<ruby>鏡<rt>かがみ</rt></ruby>は<ruby>太線<rt>ふとせん</rt></ruby>のところに<ruby>置<rt>お</rt></ruby>きます。

（1）

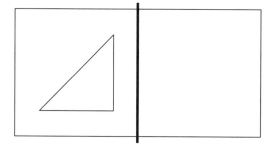

（2）

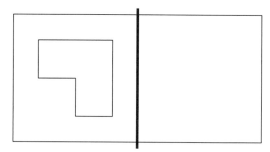

（3）

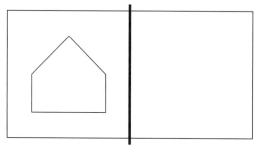

（4）

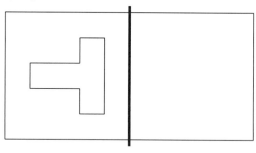

図形イメージのうち，「平面図形」に関する感覚を育成します。この分野は「対称」イメージを強化します。
取り組む中で，図形の大きさ，形，位置について，できる限り正確にかけるように練習しましょう。

〔　月　日〕

5

鏡（かがみ）

目標時間は5分

分　　秒

Q 左（ひだり）の図（ず）を鏡（かがみ）に写（うつ）すと，どんな形（かたち）になりますか。
なお，鏡（かがみ）は太線（ふとせん）のところに置（お）きます。

(1)

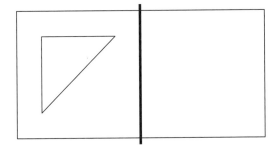

(2)

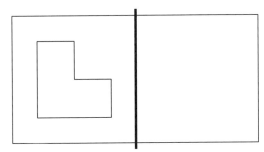

(3)

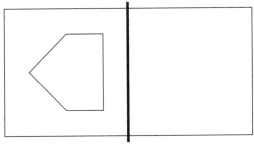

(4)

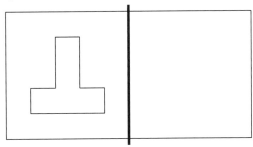

〔　　月　　日〕

6 　模　様
もよう

目標時間は5分

分　　秒

Q 真ん中の太線のところで折って，反対側に写すとすると，どのように写りますか。点と点を線で結びなさい。

(1)

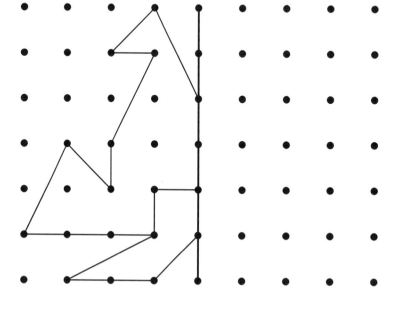

(2)

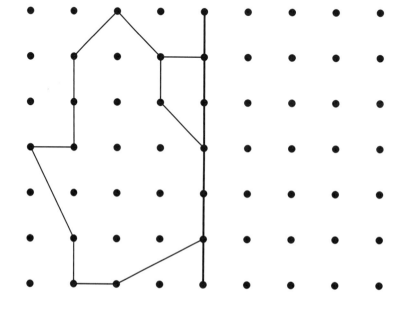

図形イメージのうち，「平面図形」に関する感覚を育成します。この分野は「対称」イメージを強化します。取り組む中で，図形の大きさ，形，位置について，できる限り正確にかけるように練習しましょう。

〔　　月　　日〕

7 スタンプ

目標時間は5分

分　　秒

Q 真ん中の太線のところで折って，反対側に，
スタンプのように写るとすると，どのように写りますか。

（1）

（2）

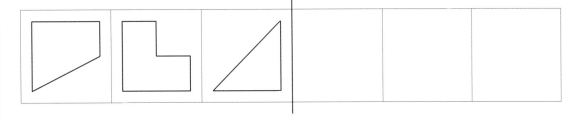

（3）

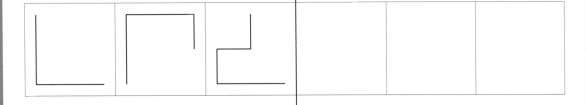

図形イメージのうち，「平面図形」に関する感覚を育成します。この分野は「対称」イメージを強化します。
鏡と同様の取り組み方です。視野を広く捉えることも重要な感覚です。正確にかけるように練習しましょう。

〔　　月　　日〕

8 四角折り

目標時間は5分

分　　秒

Q 正方形の紙を，図のように点線を折り目にして折りました。この紙から斜線の部分を切り落として，残った部分を広げると，どのような図形になりますか。答えのところに，切り落とした部分を斜線にしてかき入れなさい。

(1)

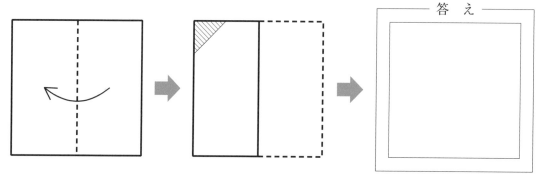

答え

(2)

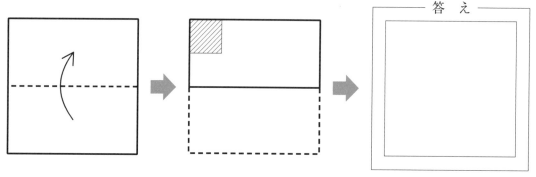

答え

(3)

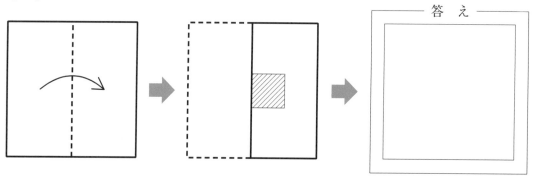

答え

図形イメージのうち，「平面図形」に関する感覚を育成します。この分野は「対称」イメージを強化します。理解が難しい場合は折り紙などを使用し，実際にどうなるかを試しながら，実物練習とイメージ練習を相互に強化しましょう。

9 三角折り

さん かく お

Q 正方形の紙を，図のように点線を折り目にして折りました。この紙から斜線の部分を切り落として，残った部分を広げると，どのような図形になりますか。答えのところに，切り落とした部分を斜線にしてかき入れなさい。

（1）

➡ ➡

答え

（2）

➡ ➡

答え

（3）

➡ ➡

答え

図形イメージのうち，「平面図形」に関する感覚を育成します。この分野は「対称」イメージを強化します。理解が難しい場合は折り紙などを使用し，実際にどうなるかを試しながら，実物練習とイメージ練習を相互に強化しましょう。

10 投影図

Q 左の立体は，サイコロの形の立体を積み上げてつくったものです。矢印の方向から見て真上から見たときと，正面から見たときの形をかきなさい。

(1)

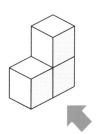

真上

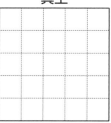

正面

(2)

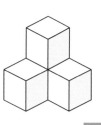

真上

正面

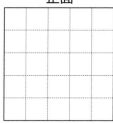

(3)

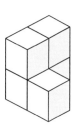

真上

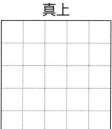

正面

(4)

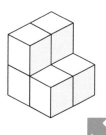

真上

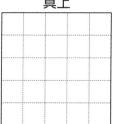

正面

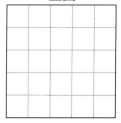

図形イメージのうち，「立体図形」に関する感覚を育成します。様々な角度から図形をイメージする練習です。立体図形を指定された方向から見て，平面図形で表すトレーニングです。難しい場合は積み木などを使ってその方向から確認しましょう。

11 見取図

Q 点線をなぞって，サイコロの形の見取図をかく練習をしましょう。（ていねいになぞりましょう。）

（1）

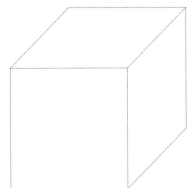

（2）

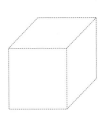

（3）

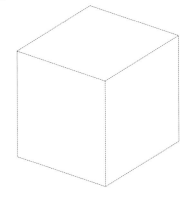

（4）

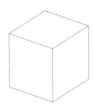

図形イメージのうち，「立体図形」に関する感覚を育成します。なぞりながら，立体図形の全体像をイメージします。問題のプリントを回転させずに取り組んでください。はみださないように，正確になぞりましょう。

12 積み木

Q 積み木をならべます。それぞれ積み木は何個ありますか。
（複雑な形は，頭の中でかぞえやすい形に移動してから
かぞえましょう。）

（1）

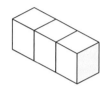

☐ 個

（2）

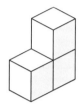

☐ 個

（3）

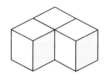

☐ 個

（4）

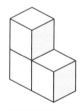

☐ 個

（5）

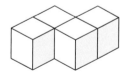

☐ 個

（6）

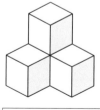

☐ 個

図形イメージのうち，「立体図形」に関する感覚を育成します。積み木の数を数える練習です。積み木を正確に数えることは立体図形を正しくイメージできていると言えます。また，かぞえやすい形などに工夫をすると一層強化されます。

13 展開図

Q 自分が矢印の方向を向いて立っているとします。

そしてそのまま，まわりの面が動いて箱の中に閉じこめられる状態になったとき，それぞれの面がどこに来るかを考え，前の部分に「○」，後の部分に「△」をかきこみなさい。

頭の中で考えられない人は，はさみで切って実際にやってみましょう。

(1)

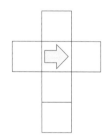

(2)

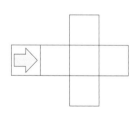

(3)

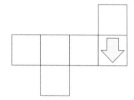

(4)

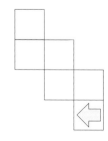

(5)

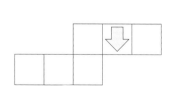

(6)

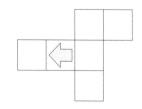

 図形イメージのうち，「立体図形」に関する感覚を育成します。展開図は立体図形を組み立てる能力を鍛えます。それぞれの位置を確認しながら，組み立てるとどうなるか，実際の展開図を使って確認するとイメージを強化することができます。

14 サイコロ理解

Q サイコロの形の，向かい合う面の目の数を加えると，
7になります。下の図のようなサイコロの形の，
斜線をつけた面の目の数はいくつでしょう。

（1）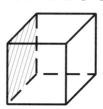

（2）

（3）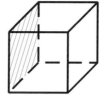

（4）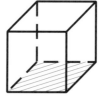

（5）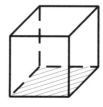

（6）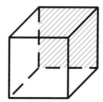

 図形イメージのうち，「立体図形」に関する感覚を育成します。立体図形を組み立てる能力を鍛え，サイコロの特徴を理解します。向かい合う面の関係性を確認しながら取り組みましょう。わからない場合は，サイコロを作って確認しましょう。

15 転写

Q 左の図と右の図が同じになるように，
マスの中に○，△，×をかきこみなさい。

(1)

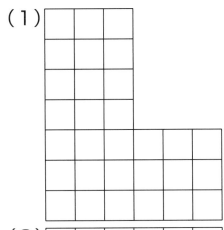
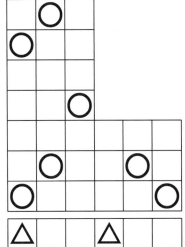

(2)

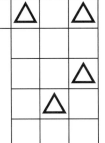

(3)

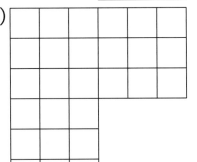

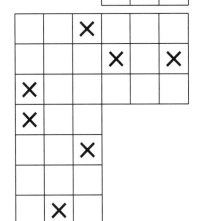

図形イメージを強化する「基盤トレーニング」です。位置や形を丁寧にかくことを意識しましょう。
速くかこうとするといい加減になります。丁寧にできるようになったら，速くできるように練習しましょう。

16 転写

目標時間は1分30秒

分　　秒

Q 左の図と右の図が同じになるように、
マスの中に○，△，×をかきこみなさい。

(1) ←

(2) ←

(3) ←

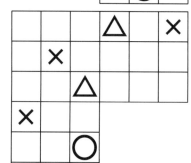

図形イメージを強化する「基盤トレーニング」です。位置や形を丁寧にかくことを意識しましょう。
速くかこうとするといい加減になります。丁寧にできるようになったら，速くできるように練習しましょう。

〔　　月　　日〕

17 点描写
てん びょう しゃ

目標時間は1分30秒

分　　秒

Q 左の図と右の図が同じになるように，点を結びなさい。
ひだり ず みぎ ず おな てん むす

（1）

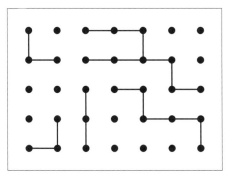 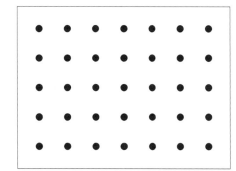

（2）

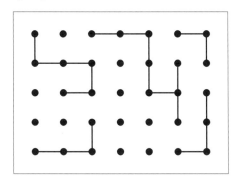 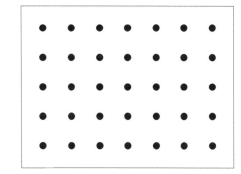

（3）

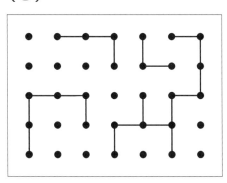 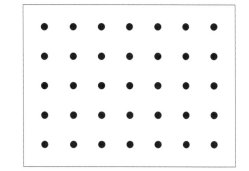

図形イメージを強化する「基盤トレーニング」です。位置や形を丁寧にかくことを意識しましょう。
線が曲がったり，はみ出したりしないように注意しながら，丁寧に，速くできるように練習しましょう。

〔　　月　　日〕

18 鏡

目標時間は５分

分　　　秒

Q 右の図を鏡に写すと，どんな形になりますか。
なお，鏡は太線のところに置きます。

(1)

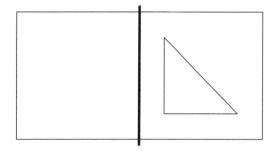

(2)

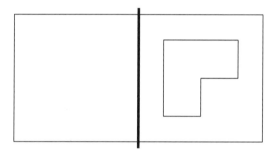

(3)

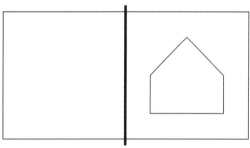

(4)

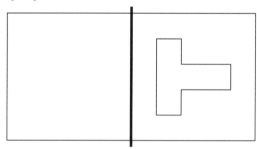

図形イメージのうち，「平面図形」に関する感覚を育成します。この分野は「対称」イメージを強化します。
取り組む中で，図形の大きさ，形，位置について，できる限り正確にかけるように練習しましょう。

19 鏡 （かがみ）

目標時間は5分

分　秒

Q 左の図を鏡に写すと，どんな形になりますか。
なお，鏡は太線のところに置きます。
（ひだり　ず　かがみ　うつ　かたち　ふとせん　お）

(1)

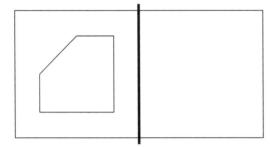

(2)

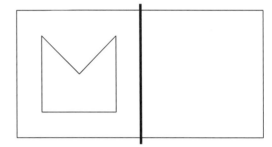

(3)

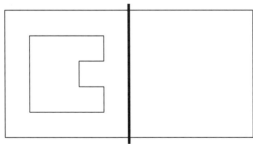

(4)

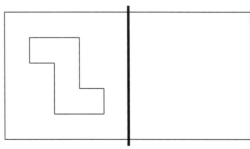

図形イメージのうち，「平面図形」に関する感覚を育成します。この分野は「対称」イメージを強化します。
取り組む中で，図形の大きさ，形，位置について，できる限り正確にかけるように練習しましょう。

20 模様

Q 真ん中の太線のところで折って，反対側に写すとすると，どのように写りますか。点と点を線で結びなさい。

（1）

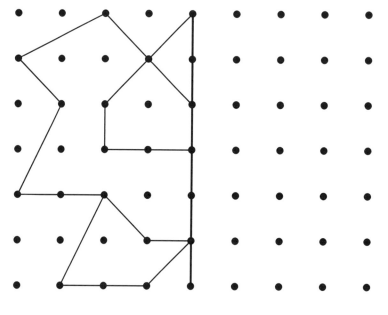

（2）

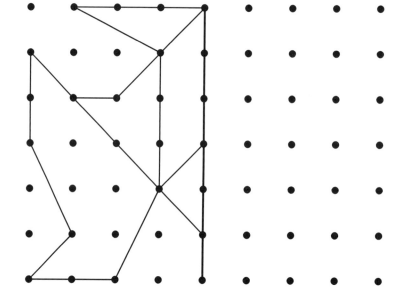

図形イメージのうち，「平面図形」に関する感覚を育成します。この分野は「対称」イメージを強化します。取り組む中で，図形の大きさ，形，位置について，できる限り正確にかけるように練習しましょう。

〔　月　日〕

21 スタンプ

目標時間は5分

分　　秒

Q 真ん中の太線のところで折って，反対側に，
スタンプのように写るとすると，どのように写りますか。

（1）

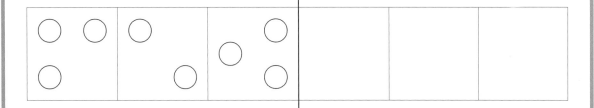

（2）

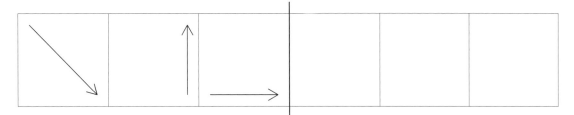

（3）

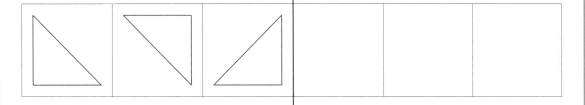

22 四角折り

Q 正方形の紙を，図のように点線を折り目にして折りました。この紙から斜線の部分を切り落として，残った部分を広げると，どのような図形になりますか。答えのところに，切り落とした部分を斜線にしてかき入れなさい。

（1）

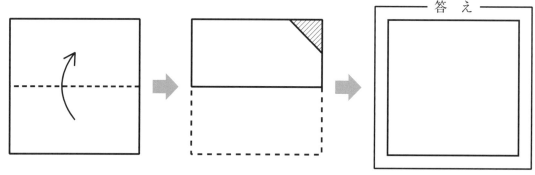

（2）

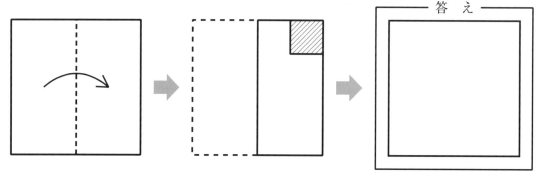

（3）

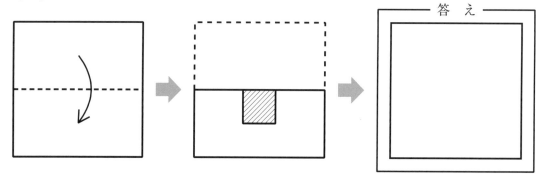

図形イメージのうち，「平面図形」に関する感覚を育成します。この分野は「対称」イメージを強化します。理解が難しい場合は折り紙などを使用し，実際にどうなるかを試しながら，実物練習とイメージ練習を相互に強化しましょう。

23 三角折り

Q 正方形の紙を，図のように点線を折り目にして折りました。この紙から斜線の部分を切り落として，残った部分を広げると，どのような図形になりますか。答えのところに，切り落とした部分を斜線にしてかき入れなさい。

（1）

答え

（2）

答え

（3）

答え

図形イメージのうち，「平面図形」に関する感覚を育成します。この分野は「対称」イメージを強化します。理解が難しい場合は折り紙などを使用し，実際にどうなるかを試しながら，実物練習とイメージ練習を相互に強化しましょう。

24 投影図

Q 左の立体は，サイコロの形の立体を積み上げてつくったものです。矢印の方向から見て真上から見たときと，正面から見たときの形をかきなさい。

(1)

真上

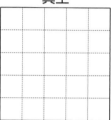

正面

(2)

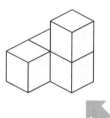

真上

正面

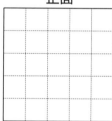

(3)

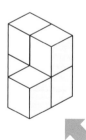

真上

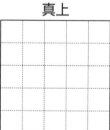

正面

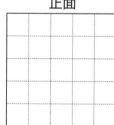

(4)

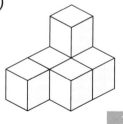

真上

正面

図形イメージのうち，「立体図形」に関する感覚を育成します。様々な角度から図形をイメージする練習です。立体図形を指定された方向から見て，平面図形で表すトレーニングです。難しい場合は積み木などを使ってその方向から確認しましょう。

〔　月　日〕

25 見取図

Q 点線をなぞって，サイコロの形の見取図をかく練習をしましょう。（ていねいになぞりましょう。）

（1）

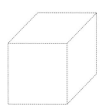

（2）

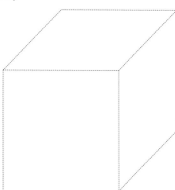

（3）

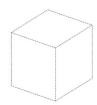

（4）

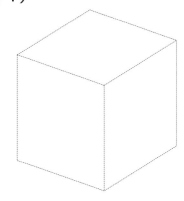

 図形イメージのうち，「立体図形」に関する感覚を育成します。なぞりながら，立体図形の全体像をイメージします。問題のプリントを回転させずに取り組んでください。はみださないように，正確になぞりましょう。

26 積み木

Q 積み木をならべます。それぞれ積み木は何個ありますか。
（複雑な形は，頭の中でかぞえやすい形に移動してから
かぞえましょう。）

(1)

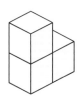

　　　　　　個

(2)

　　　　　　個

(3)

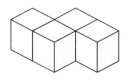

　　　　　　個

(4)

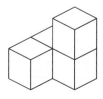

　　　　　　個

(5)

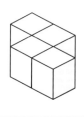

　　　　　　個

(6)

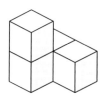

　　　　　　個

図形イメージのうち，「立体図形」に関する感覚を育成します。積み木の数を数える練習です。積み木を正確に数えることは立体図形を正しくイメージできていると言えます。また，数えやすい形などに工夫をすると一層強化されます。

27 展開図
てん かい ず

目標時間は5分

分 秒

Q 自分が矢印の方向を向いて立っているとします。
じ ぶん や じるし ほうこう む た
そしてそのまま，まわりの面が動いて箱の中に閉じこめられ
めん うご はこ なか と
る状態になったとき，それぞれの面がどこに来るかを考え，
じょうたい く かんが
前の部分に「○」，後の部分に「△」をかきこみなさい。
まえ ぶ ぶん うしろ
頭の中で考えられない人は，はさみで切って実際にやってみ
あたま なか かんが ひと き じっさい
ましょう。

(1)

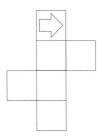

(2)

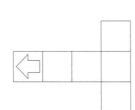

(3)

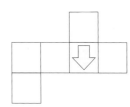

(4)

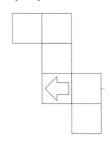

(5)

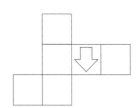

(6)

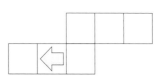

 図形イメージのうち，「立体図形」に関する感覚を育成します。展開図は立体図形を組み立てる能力を鍛えます。
それぞれの位置を確認しながら，組み立てるとどうなるか，実際の展開図を使って確認するとイメージを強
化することができます。

28 サイコロ理解

Q サイコロの形の，向かい合う面の目の数を加えると，
7になります。下の図のようなサイコロの形の，
斜線をつけた面の目の数はいくつでしょう。

(1)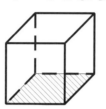

(2)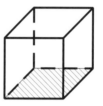

(3)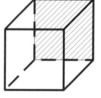

(4)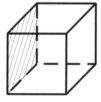

(5)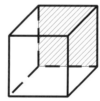

(6)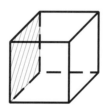

 図形イメージのうち，「立体図形」に関する感覚を育成します。立体図形を組み立てる能力を鍛え，サイコロの特徴を理解します。向かい合う面の関係性を確認しながら取り組みましょう。わからない場合は，サイコロを作って確認しましょう。

29 転写

目標時間は1分30秒

　分　　秒

Q 左の図と右の図が同じになるように，
マスの中に○，△，×をかきこみなさい。

(1)

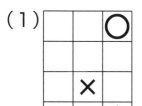

(2)

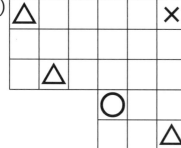

(3)

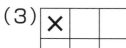

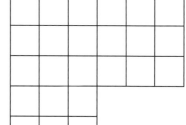

図形イメージを強化する「基盤トレーニング」です。位置や形を丁寧にかくことを意識しましょう。
速くかこうとするといい加減になります。丁寧にできるようになったら，速くできるように練習しましょう。

〔　月　日〕

30 転写

目標時間は1分30秒

分　秒

Q 左の図と右の図が同じになるように，
マスの中に○，△，×をかきこみなさい。

(1)

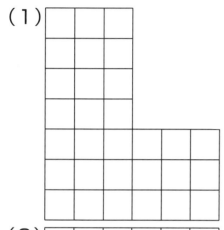 ←

(2)

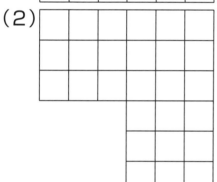 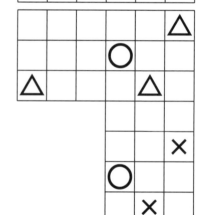

(3)

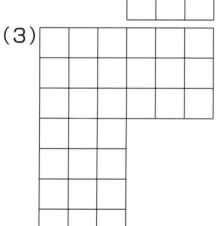 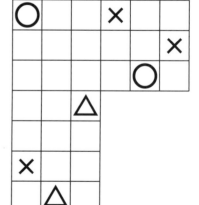

図形イメージを強化する「基盤トレーニング」です。位置や形を丁寧にかくことを意識しましょう。
速くかこうとするといい加減になります。丁寧にできるようになったら，速くできるように練習しましょう。

31 点描写

目標時間は1分30秒

分　　秒

Q 左の図と右の図が同じになるように，点を結びなさい。

（1）

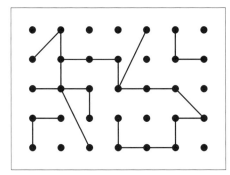 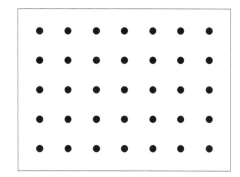

（2）

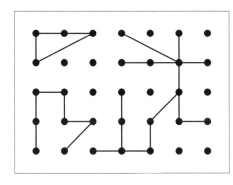 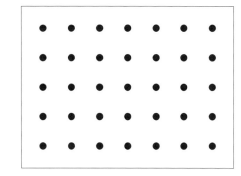

（3）

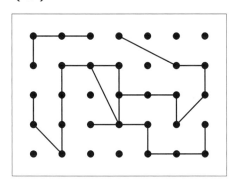 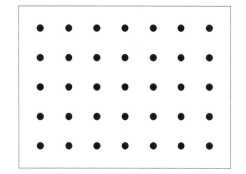

 図形イメージを強化する「基盤トレーニング」です。位置や形を丁寧にかくことを意識しましょう。
線が曲がったり，はみ出したりしないように注意しながら，丁寧に，速くできるように練習しましょう。

32

<ruby>鏡<rt>かがみ</rt></ruby>

Q <ruby>右<rt>みぎ</rt></ruby>の<ruby>図<rt>ず</rt></ruby>を<ruby>鏡<rt>かがみ</rt></ruby>に<ruby>写<rt>うつ</rt></ruby>すと，どんな<ruby>形<rt>かたち</rt></ruby>になりますか。
なお，鏡は<ruby>太線<rt>ふとせん</rt></ruby>のところに<ruby>置<rt>お</rt></ruby>きます。

（1）

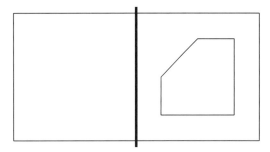

（2）

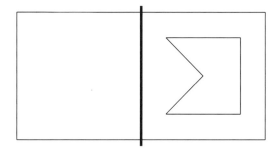

（3）

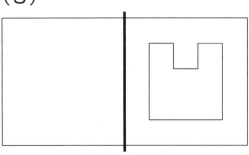

（4）

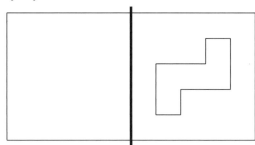

〔　　月　　日〕

33 鏡
かがみ

目標時間は5分

分　　秒

Q 右の図を鏡に写すと，どんな形になりますか。
なお，鏡は太線のところに置きます。

(1)

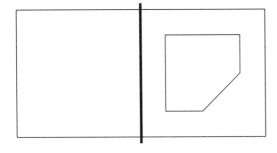

(2)

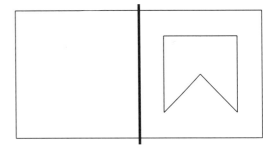

(3)

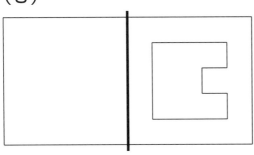

(4)

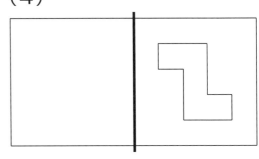

図形イメージのうち，「平面図形」に関する感覚を育成します。この分野は「対称」イメージを強化します。
取り組む中で，図形の大きさ，形，位置について，できる限り正確にかけるように練習しましょう。

34 模様

〔　　月　　日〕

目標時間は5分

分　　秒

Q 真ん中の太線のところで折って，反対側に写すとすると，どのように写りますか。点と点を線で結びなさい。

（1）

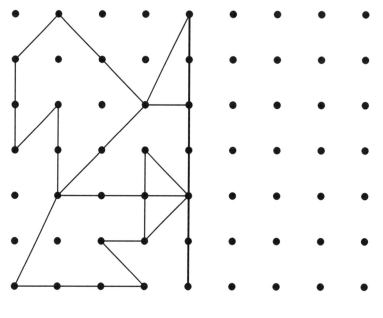

（2）

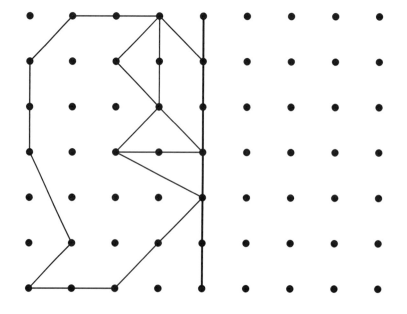

図形イメージのうち，「平面図形」に関する感覚を育成します。この分野は「対称」イメージを強化します。取り組む中で，図形の大きさ，形，位置について，できる限り正確にかけるように練習しましょう。

〔　　月　　日〕

35 スタンプ

目標時間は5分

分　　秒

Q 真ん中の太線のところで折って，反対側に，
スタンプのように写るとすると，どのように写りますか。

（1）　　　　　　（2）　　　　　　（3）

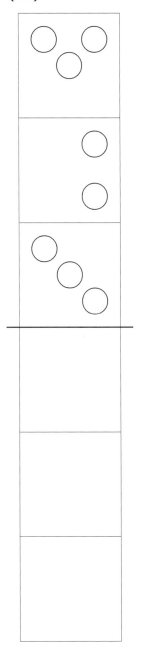 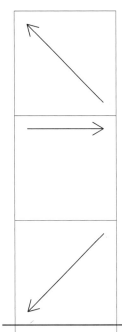 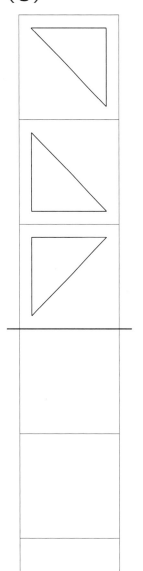

36 四角折り

目標時間は5分

分 秒

Q 正方形の紙を，図のように点線を折り目にして折りました。この紙から斜線の部分を切り落として，残った部分を広げると，どのような図形になりますか。答えのところに，切り落とした部分を斜線にしてかき入れなさい。

(1)

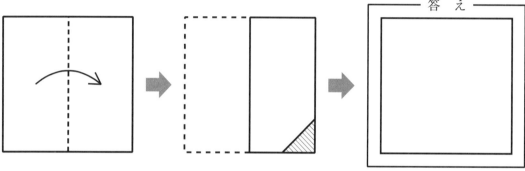

答え

(2)

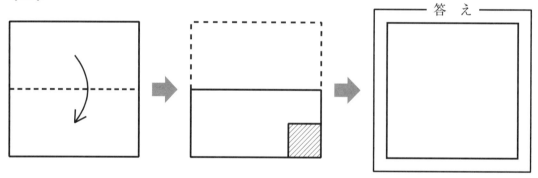

答え

(3)

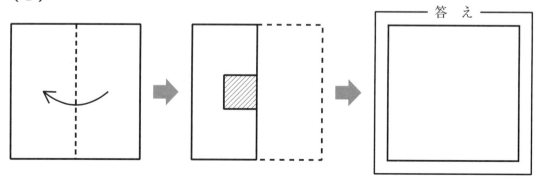

答え

図形イメージのうち，「平面図形」に関する感覚を育成します。この分野は「対称」イメージを強化します。理解が難しい場合は折り紙などを使用し，実際にどうなるかを試しながら，実物練習とイメージ練習を相互に強化しましょう。

〔　　月　　日〕

37 三角折り

目標時間は5分

分　　秒

Q 正方形の紙を，図のように点線を折り目にして折りました。この紙から斜線の部分を切り落として，残った部分を広げると，どのような図形になりますか。答えのところに，切り落とした部分を斜線にしてかき入れなさい。

(1)

答え

(2)

答え

(3)

答え

 図形イメージのうち，「平面図形」に関する感覚を育成します。この分野は「対称」イメージを強化します。理解が難しい場合は折り紙などを使用し，実際にどうなるかを試しながら，実物練習とイメージ練習を相互に強化しましょう。

38 投影図

Q 左の立体は，サイコロの形の立体を積み上げてつくったものです。矢印の方向から見て真上から見たときと，正面から見たときの形をかきなさい。

(1)

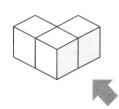

真上

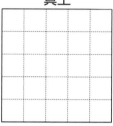

正面

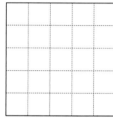

(2)

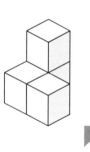

真上

正面

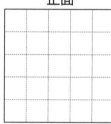

(3)

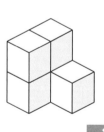

真上

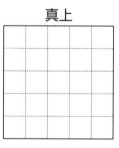

正面

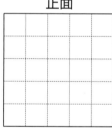

(4)

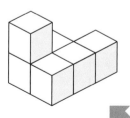

真上

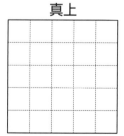

正面

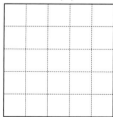

図形イメージのうち，「立体図形」に関する感覚を育成します。様々な角度から図形をイメージする練習です。立体図形を指定された方向から見て，平面図形で表すトレーニングです。難しい場合は積み木などを使ってその方向から確認しましょう。

〔　　月　　日〕

39 見取図

Q 点線をなぞって，サイコロの形の見取図をかく練習をしましょう。（ていねいになぞりましょう。）

（1）

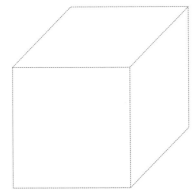

（2）

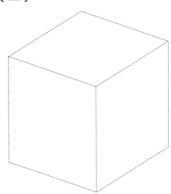

（3）

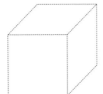

（4）

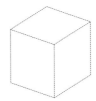

図形イメージのうち，「立体図形」に関する感覚を育成します。なぞりながら，立体図形の全体像をイメージします。問題のプリントを回転させずに取り組んでください。はみださないように，正確になぞりましょう。

40 積 み 木

目標時間は5分

分　　　秒

Ｑ　積み木をならべます。それぞれ積み木は何個ありますか。
　（複雑な形は，頭の中でかぞえやすい形に移動してから
　かぞえましょう。）

（1）

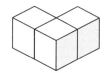

 個

（2）

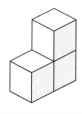

 個

（3）

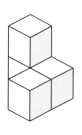

 個

（4）

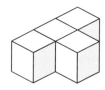

 個

（5）

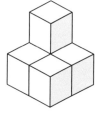

個

（6）

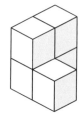

個

図形イメージのうち，「立体図形」に関する感覚を育成します。積み木の数を数える練習です。積み木を正確に数えることは立体図形を正しくイメージできていると言えます。また，数えやすい形などに工夫をすると一層強化されます。

41 展 開 図

Q 自分が矢印の方向を向いて立っているとします。

そしてそのまま，まわりの面が動いて箱の中に閉じこめられる状態になったとき，それぞれの面がどこに来るかを考え，前の部分に「○」，後の部分に「△」をかきこみなさい。

頭の中で考えられない人は，はさみで切って実際にやってみましょう。

(1)

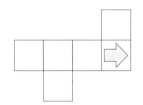

(2)

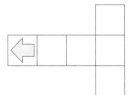

(3)

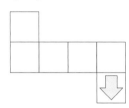

(4)

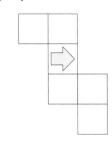

(5)

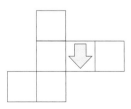

(6)

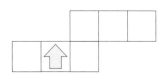

 図形イメージのうち，「立体図形」に関する感覚を育成します。展開図は立体図形を組み立てる能力を鍛えます。それぞれの位置を確認しながら，組み立てるとどうなるか，実際の展開図を使って確認するとイメージを強化することができます。

〔　　月　　日〕

42 サイコロ理解

目標時間は5分

分　　秒

Q サイコロの形の，向かい合う面の目の数を加えると，
7になります。下の図のようなサイコロの形の，
斜線をつけた面の目の数はいくつでしょう。

(1)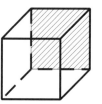

(2)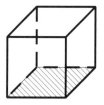

(3)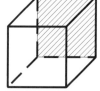

(4)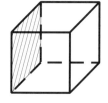

(5)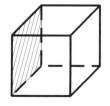

(6)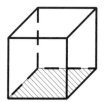

 図形イメージのうち，「立体図形」に関する感覚を育成します。立体図形を組み立てる能力を鍛え，サイコロの特徴を理解します。向かい合う面の関係性を確認しながら取り組みましょう。わからない場合は，サイコロを作って確認しましょう。

〔　　　月　　　日〕

43 点描写

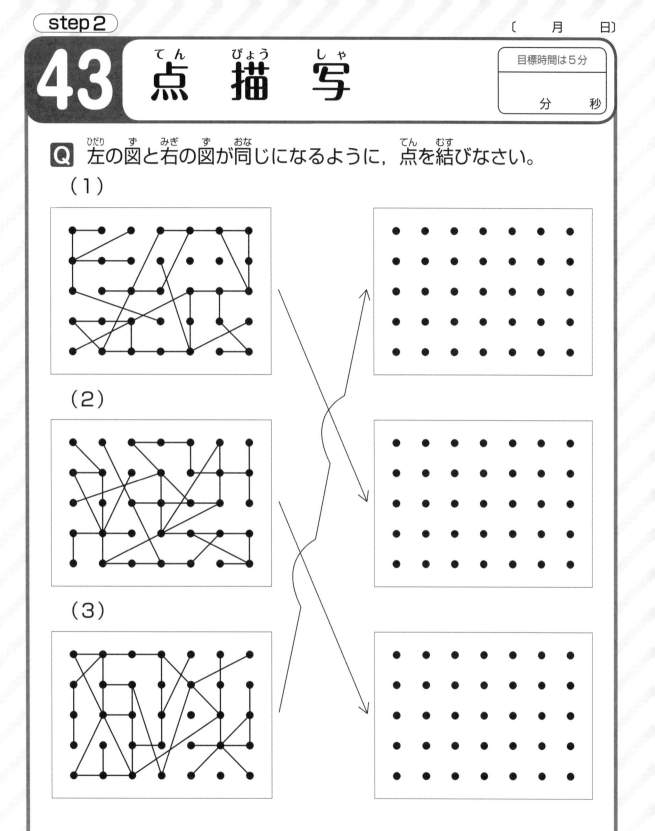

目標時間は5分

分　　秒

Q 左の図と右の図が同じになるように，点を結びなさい。

(1)

(2)

(3)

 図形イメージを強化する「基盤トレーニング」です。位置や形を丁寧にかくことを意識しましょう。
線が曲がったり，はみ出したりしないように注意しながら，丁寧に，速くできるように練習しましょう。

〔　　月　　日〕

44 点描写選択
てんびょうしゃせんたく

目標時間は30秒

分　　秒

Q お手本と同じ図を1〜3の中から1つだけさがして、
番号で答えましょう。
ばんごう

（お手本）

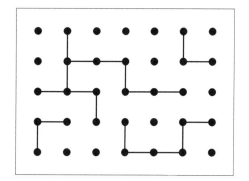

1.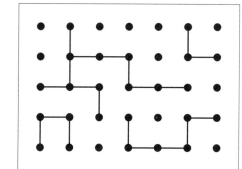

2.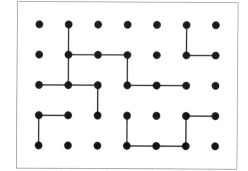

3.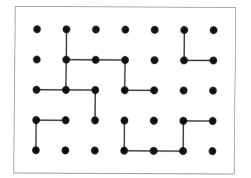

 図形イメージを強化する「基盤トレーニング」です。

〔　　月　　日〕

45 スタンプ

目標時間は5分

分　　秒

Q 真ん中の太線のところで折って，左半分が右半分に，
スタンプのように写るとすると，どのように写りますか。

(1)

(2)

(3)

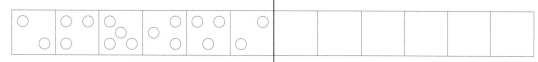

(4)

(5)

(6)

図形イメージのうち，「平面図形」に関する感覚を育成します。この分野は「対称」イメージを強化します。
鏡と同様の取り組み方です。視野を広く捉えることも重要な感覚です。正確にかけるように練習しましょう。

46 紙切り

Q 正方形の紙を，図のように点線を折り目にして折りました。この紙から斜線の部分を切り落として，残った部分を広げると，どのような図形になりますか。答えのところに，切り落とした部分を斜線にしてかき入れなさい。

（1）

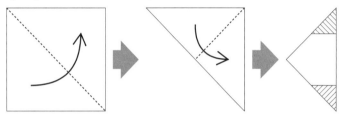

（答え）

（2）

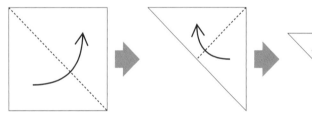

（答え）

（3）

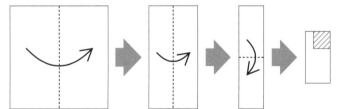

（答え）

図形イメージのうち，「平面図形」に関する感覚を育成します。この分野は「対称」イメージを強化します。理解が難しい場合は折り紙などを使用し，実際にどうなるかを試しながら，実物練習とイメージ練習を相互に強化しましょう。

47 回転図

Q 左の図を，まん中の黒点のところにはりをさして，（1）と（3）は右に90度，（2）と（4）は180度回転させた図を，右の図にかきましょう。

（1）　右に90度回転　　　（2）　180度回転

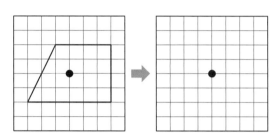 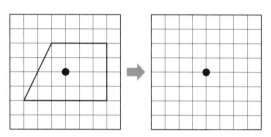

（3）　右に90度回転　　　（4）　180度回転

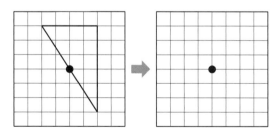 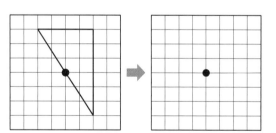

図形イメージのうち，「平面図形」に関する感覚を育成します。この分野は「回転」イメージを強化します。中心と図形の関係をとらえながら回転後のイメージ描写を練習します。難しい場合は実際に回転させて確認しましょう。

48 タ イ ル

Q 斜線部の広さはタイル何枚分ですか。

（例）
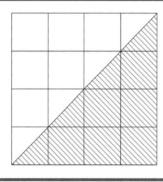

$4 \times 4 = 16$ 枚　…　全体

斜線部は全体の半分なので，

$16 \div 2 = 8$ 枚

答え　8枚分

（1）
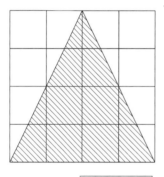

　　　枚分

（2）
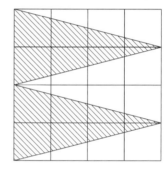

　　　枚分

（3）
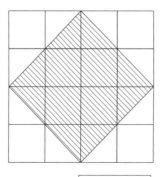

　　　枚分

（4）
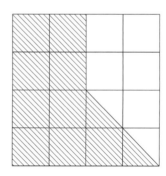

　　　枚分

図形イメージのうち，「平面図形」と「数量」に関する感覚を育成します。三角形が四角形の半分であることを確認しましょう。例はわり算で示していますが，三角形と四角形の関係に気づくと，より図形の理解が深まり，図形構成がイメージしやすくなります。

49 投影図

とう えい ず

Q 左の立体は，サイコロの形の立体を積み上げてつくったものです。矢印の方向から見て真上から見たときと，正面から見たときの形をかきなさい。

(1)

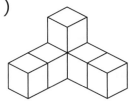

真上

正面

(2)

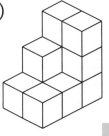

真上

正面

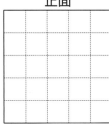

(3)

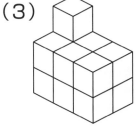

真上

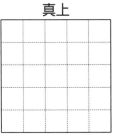

正面

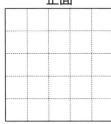

(4)

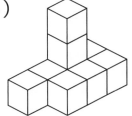

真上

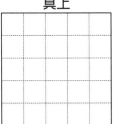

正面

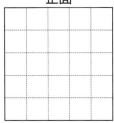

図形イメージのうち，「立体図形」に関する感覚を育成します。様々な角度から図形をイメージする練習です。立体図形を指定された方向から見て，平面図形で表すトレーニングです。難しい場合は積み木などを使ってその方向から確認しましょう。

〔　　月　　日〕

50 見取図

目標時間は 5分

分　　秒

Q お手本と同じ見取図を、できるだけきれいに写しましょう。
（定規は使いません。）

（お手本）	見取図	（お手本）	見取図

図形イメージのうち、「立体図形」に関する感覚を育成します。なぞりながら、立体図形の全体像をイメージします。問題のプリントを回転させずに取り組んでください。はみださないように、正確になぞりましょう。

〔 　月　　日〕

51 積み木

目標時間は5分

分　　秒

Q 積み木をならべます。それぞれ積み木は何個ありますか。
（複雑な形は，頭の中でかぞえやすい形に移動してから
かぞえましょう。）

(1)

□ 個

(2)
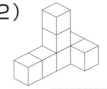
□ 個

(3)

□ 個

(4)
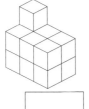
□ 個

(5)

□ 個

(6)

□ 個

(7)

□ 個

(8)

□ 個

(9)

□ 個

(10)
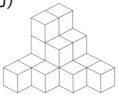
□ 個

(11)
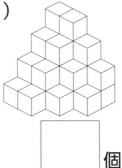
□ 個

(12)
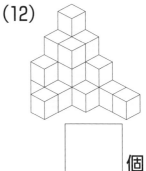
□ 個

 図形イメージのうち，「立体図形」に関する感覚を育成します。積み木の数を数える練習です。積み木を正確に数えることは立体図形を正しくイメージできていると言えます。また，数えやすい形などに工夫をすると一層強化されます。

〔　　月　　日〕

52 展開図

目標時間は5分

分　　秒

Q 自分が矢印の方向を向いて立っているとします。
そしてそのまま，まわりの面が動いて箱の中に閉じこめられる状態になったとき，それぞれの面がどこに来るかを考え，下の図のようにかきこみなさい。
頭の中で考えられない人は，はさみで切って実際にやってみましょう。

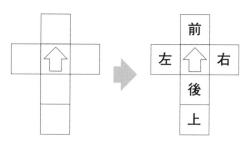

(1)

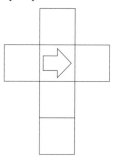

(2)

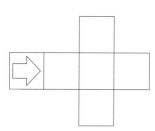

(3)

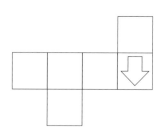

(4)

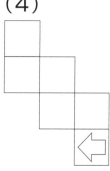

(5)

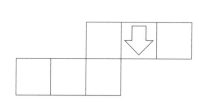

(6)

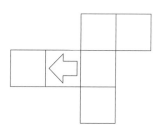

 図形イメージのうち，「立体図形」に関する感覚を育成します。展開図は立体図形を組み立てる能力を鍛えます。それぞれの位置を確認しながら，組み立てるとどうなるか，実際の展開図を使って確認するとイメージを強化することができます。

53 サイコロころころ

Q 向(む)かい合(あ)う面(めん)の和(わ)が7のサイコロを,
図(ず)のような位置(いち)から道(みち)にそって転(ころ)がしていくと,
斜線(しゃせん)の位置ではサイコロの上(うえ)の面(めん)の数(かず)はいくつですか。

（1）

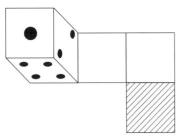

（2）

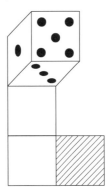

（3）

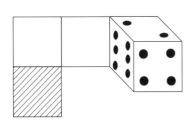

（4）

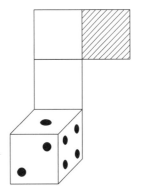

〔　　月　　日〕

54 穴あけ

目標時間は5分

分　　秒

Q 8個の小さい立方体を積み重ねて，大きい立方体をつくります。黒丸の位置から大きい立方体の向かい側までの小さい立方体2個にまっすぐ穴をあけます。

穴があいた小さい立方体は何個できますか。

（1）

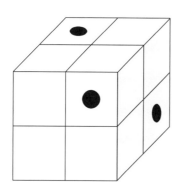

□ 個

（2）

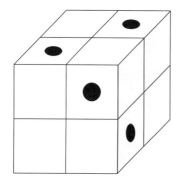

□ 個

〔　　月　　日〕

55 点描写

<ruby>点<rt>てん</rt></ruby> <ruby>描<rt>びょう</rt></ruby> <ruby>写<rt>しゃ</rt></ruby>

目標時間は1分30秒

分　　秒

Q <ruby>左<rt>ひだり</rt></ruby>の<ruby>図<rt>ず</rt></ruby>と<ruby>右<rt>みぎ</rt></ruby>の<ruby>図<rt>ず</rt></ruby>が<ruby>同<rt>おな</rt></ruby>じになるように，<ruby>点<rt>てん</rt></ruby>を<ruby>結<rt>むす</rt></ruby>びなさい。

(1)

(2)

(3)

56 点描写選択

Q お手本と同じ図を1〜3の中から1つだけさがして，
番号で答えましょう。

（お手本）

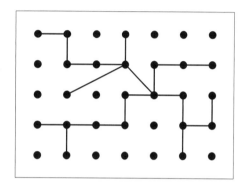

1.

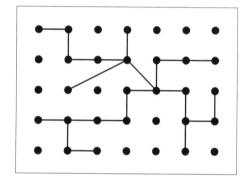

2.

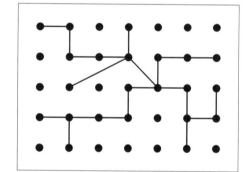

3.

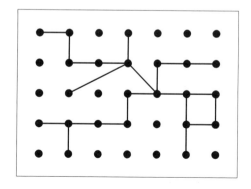

図形イメージを強化する「基盤トレーニング」です。

57 スタンプ

目標時間は5分

分　秒

Q 真ん中の太線のところで折って，左半分が右半分に，
スタンプのように写るとすると，どのように写りますか。

(1)

(2)

(3)

(4)

(5)

(6)

図形イメージのうち，「平面図形」に関する感覚を育成します。この分野は「対称」イメージを強化します。
鏡と同様の取り組み方です。視野を広く捉えることも重要な感覚です。正確にかけるように練習しましょう。

58 紙切り

Q 正方形の紙を，図のように点線を折り目にして折りました。この紙から斜線の部分を切り落として，残った部分を広げると，どのような図形になりますか。答えのところに，切り落とした部分を斜線にしてかき入れなさい。

（1）

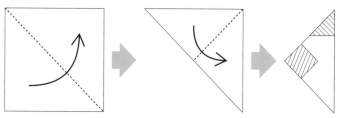

（答え）

（2）

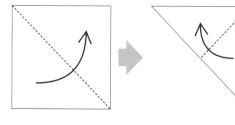 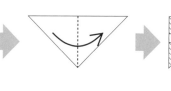

（答え）

（3）

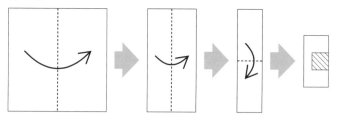

（答え）

59 回転図

目標時間は5分

分　　秒

Q 左の図を，まん中の黒点のところにはりをさして，（1）と（3）は右に90度，（2）と（4）は180度回転させた図を，右の図にかきましょう。

（1）　右に90度回転　　　　（2）　180度回転

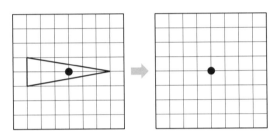
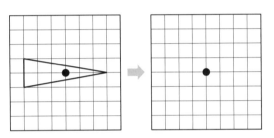

（3）　右に90度回転　　　　（4）　180度回転

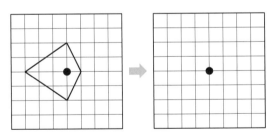
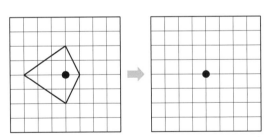

図形イメージのうち，「平面図形」に関する感覚を育成します。この分野は「回転」イメージを強化します。中心と図形の関係をとらえながら回転後のイメージ描写を練習します。難しい場合は実際に回転させて確認しましょう。

〔　月　日〕

60 タ イ ル

目標時間は5分

分　秒

Q 斜線部の広さはタイル何枚分ですか。

（例）

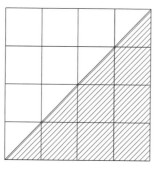

4 × 4 = 16 枚 … 全体

斜線部は全体の半分なので,

16 ÷ 2 = 8 枚

答え　**8枚分**

（1）

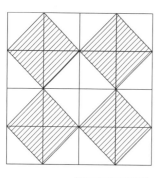

□ 枚分

（2）

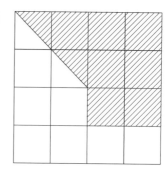

□ 枚分

（3）

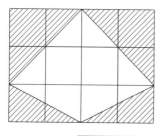

□ 枚分

（4）

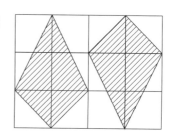

□ 枚分

図形イメージのうち,「平面図形」と「数量」に関する感覚を育成します。三角形が四角形の半分であることを確認しましょう。例はわり算で示していますが,三角形と四角形の関係に気づくと,より図形の理解が深まり,図形構成がイメージしやすくなります。

61 投 影 図

Q 左の立体は，サイコロの形の立体を積み上げてつくったものです。矢印の方向から見て真上から見たときと，正面から見たときの形をかきなさい。

(1)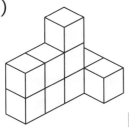

真上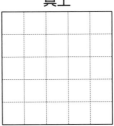

正面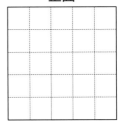

(2)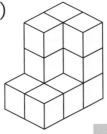

真上

正面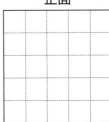

(3)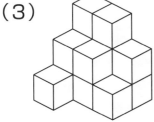

真上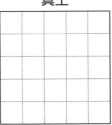

正面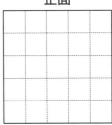

(4)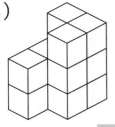

真上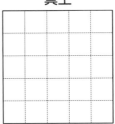

正面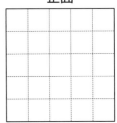

図形イメージのうち，「立体図形」に関する感覚を育成します。様々な角度から図形をイメージする練習です。立体図形を指定された方向から見て，平面図形で表すトレーニングです。難しい場合は積み木などを使ってその方向から確認しましょう。

〔　　月　　日〕

62 　見　取　図

目標時間は5分

分　　　秒

Q お手本と同じ見取図を，できるだけきれいに写しましょう。
（定規は使いません。）

見取図	（お手本）	見取図	（お手本）

図形イメージのうち，「立体図形」に関する感覚を育成します。なぞりながら，立体図形の全体像をイメージします。問題のプリントを回転させずに取り組んでください。はみださないように，正確になぞりましょう。

63 積み木

分　　秒

Q 積み木をならべます。それぞれ積み木は何個ありますか。
（複雑な形は，頭の中でかぞえやすい形に移動してから
かぞえましょう。）

(1)

□個

(2)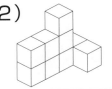

□個

(3)

□個

(4)

□個

(5)

□個

(6)

□個

(7)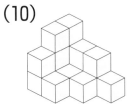

□個

(8)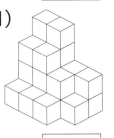

□個

(9)

□個

(10)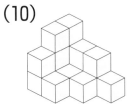

□個

(11)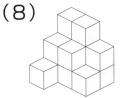

□個

(12)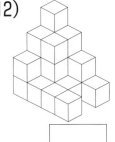

□個

 図形イメージのうち，「立体図形」に関する感覚を育成します。積み木の数を数える練習です。積み木を正確に数えることは立体図形を正しくイメージできていると言えます。また，数えやすい形などに工夫をすると一層強化されます。

64 展開図

目標時間は5分

分　　秒

Q 自分が矢印の方向を向いて立っているとします。

そしてそのまま，まわりの面が動いて箱の中に閉じこめられる状態になったとき，それぞれの面がどこに来るかを考え，下の図のようにかきこみなさい。

頭の中で考えられない人は，はさみで切って実際にやってみましょう。

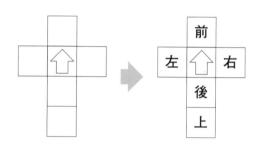

(1)

(2)

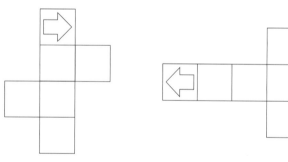

(3)

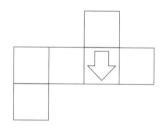

(4)

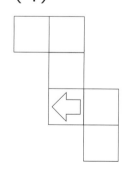

(5)

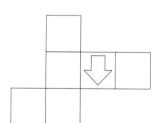

(6)

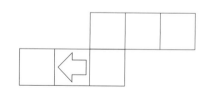

図形イメージのうち，「立体図形」に関する感覚を育成します。展開図は立体図形を組み立てる能力を鍛えます。それぞれの位置を確認しながら，組み立てるとどうなるか，実際の展開図を使って確認するとイメージを強化することができます。

65 サイコロころころ

Q 向かい合う面の和が7のサイコロを,
図のような位置から道にそって転がしていくと,
斜線の位置ではサイコロの上の面の数はいくつですか。

（1）

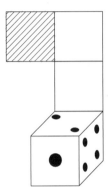

（2）

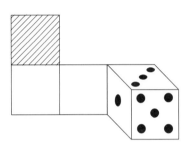

（3）

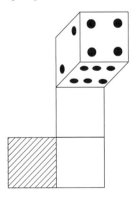

（4）

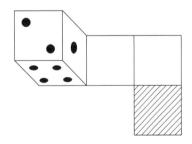

図形イメージのうち,「立体図形」に関する感覚を育成します。この分野は「立体回転」イメージを強化します。
立体図形の回転は高度なイメージが必要ですが, 回転する様子を分析するための基本になります。難しい場
合は実物で研究しましょう。

〔　　月　　日〕

66 穴あけ

目標時間は5分

分　　秒

Q 8個の小さい立方体を積み重ねて，大きい立方体をつくります。黒丸の位置から大きい立方体の向かい側までの小さい立方体2個にまっすぐ穴をあけます。

穴があいた小さい立方体は何個できますか。

（1）

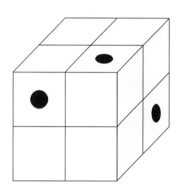

　個

（2）

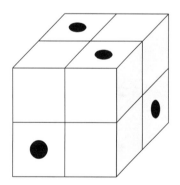

　個

空間把握 初級　パズル道場検定

1 積み木をならべます。それぞれ積み木は何個ありますか。

（1）

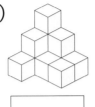

 個

（2）

 個

（3）

個

（4）

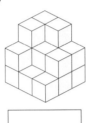

 個

（5）

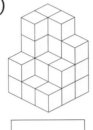

 個

（6）

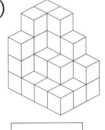

 個

2 自分が矢印の方向を向いて立っているとします。そしてそのまま、まわりの面が動いて箱の中に閉じこめられる状態になったとき、それぞれの面がどこに来るかを考え、右の図のようにかきこみなさい。

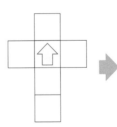 

（1）

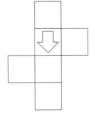

（2）

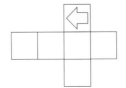

（3）

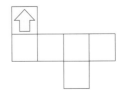

3 向かい合う面の和が7のさいころを，
図のような位置から道にそって転がしていくと，
斜線の位置ではさいころの上の面の数はいくつですか。

（1）

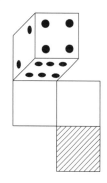

（2）

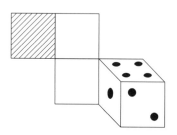

4 8個の小さい立方体を積み重ねて，大きい立方体をつくります。黒丸の位置から大きい立方体の向かい側までの小さい立方体2個にまっすぐ穴をあけます。
穴があいた小さい立方体は何個できますか。

（1）

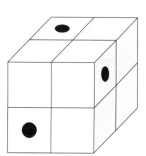

個

（2）

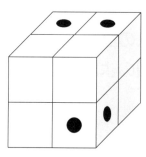

個

1 （1）りゃく　　（2）りゃく　　（3）りゃく

2 （1）りゃく　　（2）りゃく　　（3）りゃく

3 （1）りゃく　　（2）りゃく　　（3）りゃく

4 （1）　　　　　　　（2）

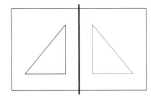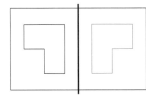

（3）　　　　　　　（4）

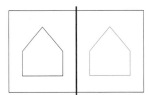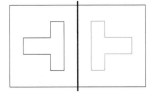

5 （1）　　　　　　　（2）

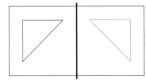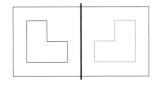

（3）　　　　　　　（4）

6 （1）

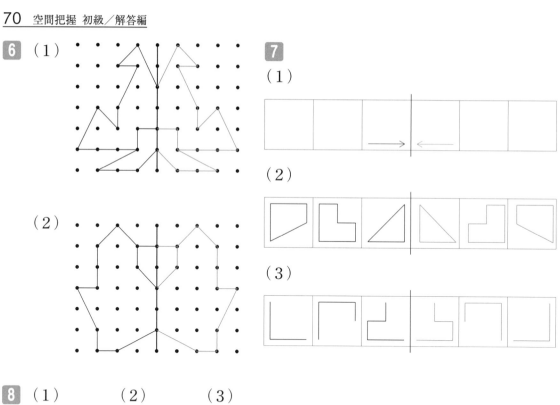

7

（1）

（2）

（3）

（2）

8 （1）　（2）　（3）

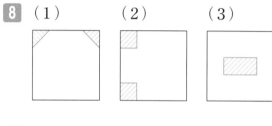

9 （1）　（2）　（3）

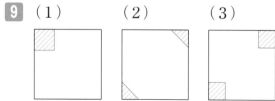

10 （1）　　（2）

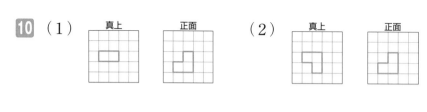

（3）　　（4）

11 （1）りゃく　　（2）りゃく　　（3）りゃく　　（4）りゃく

12 （1）3個　　（2）3個　　（3）3個　　（4）3個　　（5）4個　　（6）4個

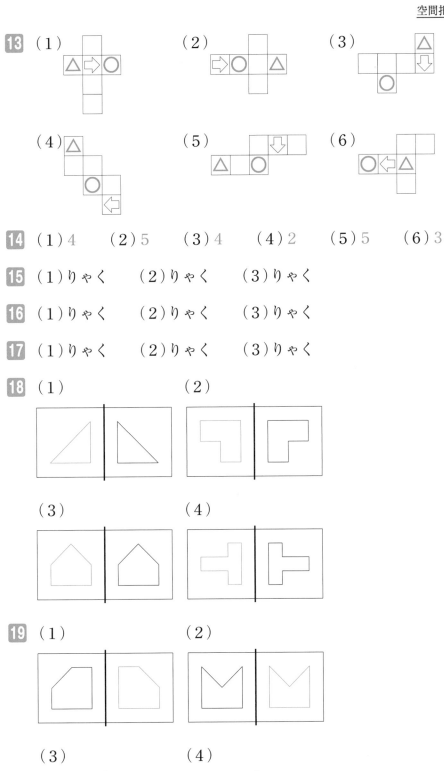

14 (1) 4 　(2) 5 　(3) 4 　(4) 2 　(5) 5 　(6) 3

15 (1) りゃく 　(2) りゃく 　(3) りゃく

16 (1) りゃく 　(2) りゃく 　(3) りゃく

17 (1) りゃく 　(2) りゃく 　(3) りゃく

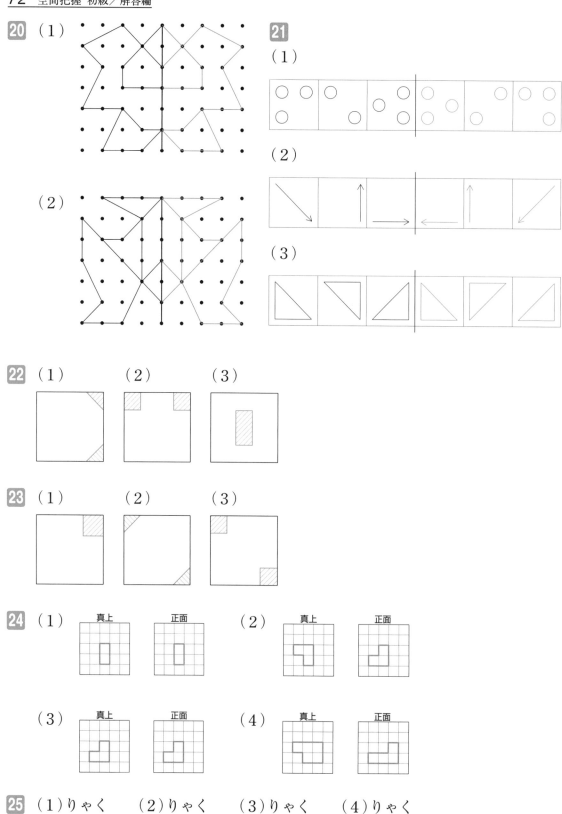

20 （1）
（2）

21 （1）
（2）
（3）

22 （1）　　（2）　　（3）

23 （1）　　（2）　　（3）

24 （1）　真上　正面　　（2）　真上　正面
（3）　真上　正面　　（4）　真上　正面

25 （1）りゃく　　（2）りゃく　　（3）りゃく　　（4）りゃく

26 （1）3個　　（2）3個　　（3）4個　　（4）4個　　（5）4個　　（6）4個

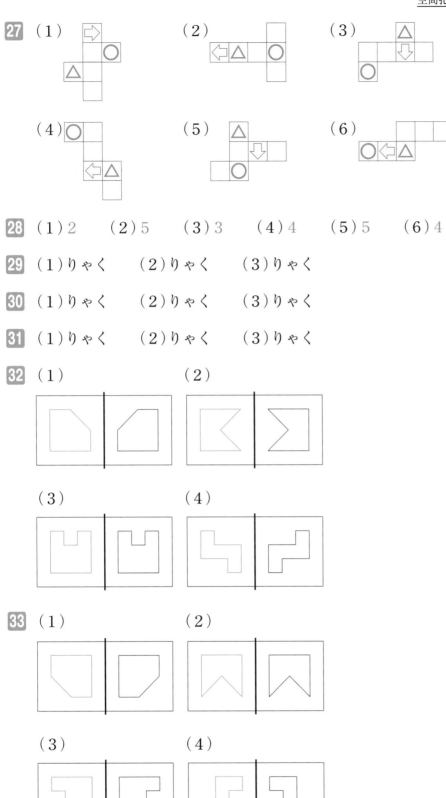

27 （1）　（2）　（3）

（4）　（5）　（6）

28 （1）2　　（2）5　　（3）3　　（4）4　　（5）5　　（6）4

29 （1）りゃく　　（2）りゃく　　（3）りゃく

30 （1）りゃく　　（2）りゃく　　（3）りゃく

31 （1）りゃく　　（2）りゃく　　（3）りゃく

32 （1）　（2）

（3）　（4）

33 （1）　（2）

（3）　（4）

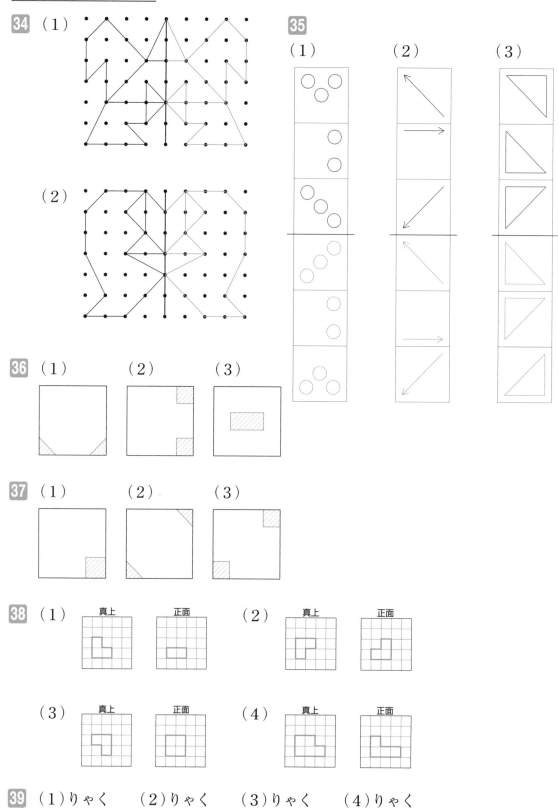

34 （1）

（2）

35 （1）　　（2）　　（3）

36 （1）　　（2）　　（3）

37 （1）　　（2）　　（3）

38 （1）　真上　　正面　　（2）　真上　　正面

（3）　真上　　正面　　（4）　真上　　正面

39 （1）りゃく　　（2）りゃく　　（3）りゃく　　（4）りゃく

40 （1）3個　　（2）3個　　（3）4個　　（4）4個　　（5）5個　　（6）5個

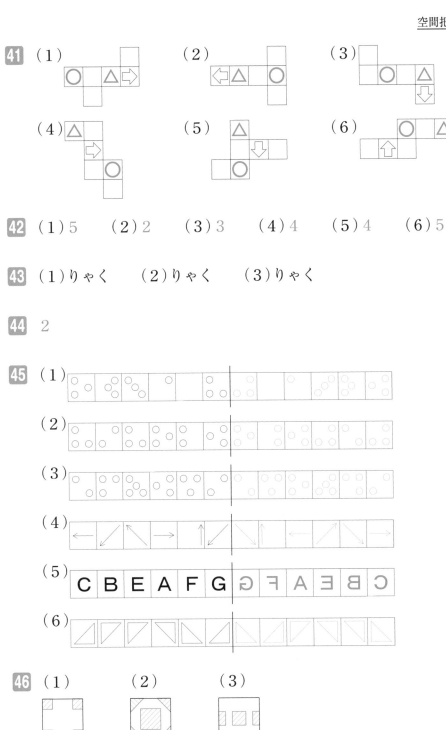

41 (1) (2) (3) (4) (5) (6)

42 (1) 5　　(2) 2　　(3) 3　　(4) 4　　(5) 4　　(6) 5

43 (1) りゃく　　(2) りゃく　　(3) りゃく

44 2

45 (1) (2) (3) (4) (5) (6)

46 (1) (2) (3)

47 (1) (2) (3) (4)

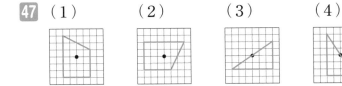

48 (1) 8枚分　　(2) 8枚分　　(3) 8枚分　　(4) 10枚分

49 （1）
真上　　正面

（2）
真上　　正面

（3）
真上　　正面

（4）
真上　　正面

50 りゃく

51 （1）6　　（2）7　　（3）9　　（4）13　　（5）10　　（6）11
　　（7）11　　（8）15　　（9）19　　（10）16　　（11）29　　（12）22

52 （1）
```
  左
後 ⇨前
  右
  上
```
（2）
```
   左
⇨前上後
   右
```
（3）
```
      後
左上右⇩
  前
```

（4）
```
後
左上
前右
 ⇦
```
（5）
```
  右⇩左
後上前
```
（6）
```
  右上
前⇦後
    左
```

53 （1）3　　（2）1　　（3）2　　（4）3

54 （1）5個　　（2）6個

55 （1）りゃく　　（2）りゃく　　（3）りゃく

56 2

57 （1）

（2）

（3）

（4）

（5）　E A C B G F Ⅎ Ǝ Ɔ ꓭ ꓯ Ǝ

（6）

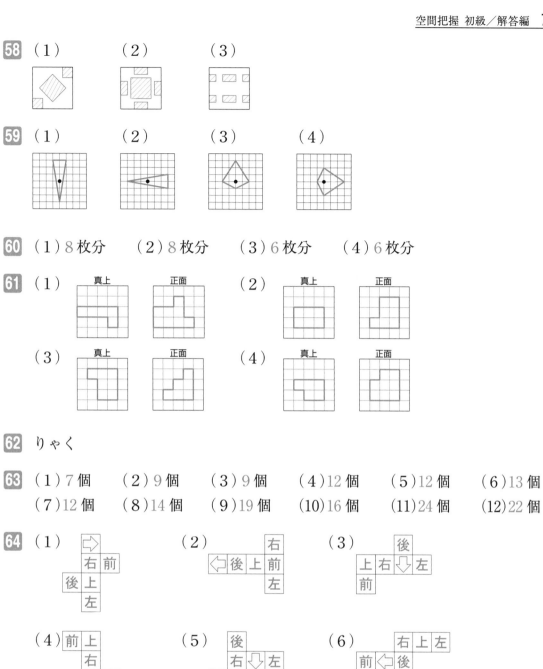

58 （1）　　　（2）　　　（3）

59 （1）　　　（2）　　　（3）　　　（4）

60 （1）8枚分　　（2）8枚分　　（3）6枚分　　（4）6枚分

61 （1）　真上　正面　　（2）　真上　正面

（3）　真上　正面　　（4）　真上　正面

62 りゃく

63 （1）7個　　（2）9個　　（3）9個　　（4）12個　　（5）12個　　（6）13個
（7）12個　　（8）14個　　（9）19個　　（10）16個　　（11）24個　　（12）22個

64 （1）　　　　　　（2）　　　　　　（3）

（4）　　　　　　（5）　　　　　　（6）

65 （1）4　　（2）4　　（3）5　　（4）3

66 （1）6個　　（2）6個

パズル道場検定

1 （1）11個　　（2）13個　　（3）16個　　（4）19個　　（5）23個　　（6）28個

2 （1）

	後	
	⇩	左
右	前	
	上	

（2）

		⇦		
右	前	左	後	
	上			

（3）

	⇧			
後	右	前	左	
	上			

3 （1）3　　（2）5

4 （1）5個　　（2）6個

　　　「パズル道場検定」が時間内でできたときは，次ペー
ジの天才脳ドリル空間把握初級「認定証」を授与
します。おめでとうございます。

認定証

空間把握　初級

殿
_____

あなたはパズル道場検定におい
て、空間把握コースでの初級に
合格しました。ここにその努力
をたたえ認定証を授与します。

　　　　　年　　　月
　　　　パズル道場
　　　　山下善徳・橋本龍吾